图案里的中国故事

孝道百图

主编 沈泓

全国高校出版社主题出版

重庆大学出版社

图书在版编目（CIP）数据

图案里的中国故事. 孝道百图 / 沈泓主编. -- 重庆: 重庆大学出版社，2022.6

ISBN 978-7-5689-3192-2

Ⅰ. ①图… Ⅱ. ①沈… Ⅲ. ①孝—传统文化—中国—通俗读物 Ⅳ. ①K203-49②B823.1-49

中国版本图书馆CIP数据核字（2022）第065521号

图案里的中国故事 · 孝道百图

TU'AN LI DE ZHONGGUO GUSHI · XIAODAO BAITU

主 编 沈 泓

策划编辑：刘雯娜 张菱芷
责任编辑：刘雯娜 赵 晟
版式设计：琢字文化
责任校对：王 倩
责任印制：赵 晟

*

重庆大学出版社出版发行
出版人：饶帮华
社址：重庆市沙坪坝区大学城西路 21 号
邮编：401331
电话：（023）88617190 88617185（中小学）
传真：（023）88617186 88617166
网址：http://www.cqup.com.cn
邮箱：fxk@cqup.com.cn（营销中心）
全国新华书店经销
重庆新金雅迪艺术印刷有限公司印刷

*

开本：787 mm × 1092mm 1/16 印张：8.5 字数：162 千
2022 年 6 月第 1 版 2022 年 6 月第 1 次印刷
ISBN 978-7-5689-3192-2 定价：68.00 元

总序

中国的传统图案历史悠久，是中国优秀传统文化的形象载体，具有跨越时空的审美价值。中国各民族创造的绚丽多彩的图案艺术，是中国民间美术造型的重要组成部分，它蕴含着各民族社会生活、历史文化、风俗习惯和美学观念等丰富内涵，与中国文化史、中国思想史、中国美术史、中国民俗史等诸多领域的知识体系紧密相关。

每个时期的地域文化，都会产生它特有的艺术形式。透过传统图案的纹样、造型设计和装饰现象，人们可以窥视到某个民族、某个地区、某个时期、某种文化的具体表现。传统图案犹如社会生活的一面镜子，不仅映射出各族人民劳动和生活的方方面面，而且也以其独特的造型艺术语言反映了各族人民的造物活动、情感生活与生命追求。传统图案中的每一个纹样、每一种形象、每一幅构图都不是孤立存在的，它们就像历史文化长河中的一叶小舟，可能还负载和积淀着那些至今尚未被科学认知的、充满原始神秘色彩的多种文化信息与符号象征。

源远流长的中国传统图案具有深刻的文化内涵。它产生于民间，为社会各阶层所接受，经过千百年来的不断创新和发展，其内容和表现形式愈加丰富多彩，充分体现了劳动人民的艺术想象力和创造力。它所表现的观念意识在中华民族中具有普遍意义，折射出的时代背景、社会心态、民族心理和审

美情趣，已远远超出了传统图案纹样本身的价值和意义，人们能从中感悟到丰厚的文化底蕴，这是人类对幸福美好的渴求与生命的礼赞。然而，若要真正了解和理解这一切，离不开对中华民族特有的思维方式和表达方式的深刻把握。

20世纪20年代，中国学者就开始对中国传统图案进行整理和研究，至今已有一百多年的历史。传统图案是展现在人们面前的一幅民俗风情长卷，它结合了各族人民的节令习俗、人生礼仪和游艺活动等，以喜闻乐见的形式，在民间的文化生活中发挥着巨大的作用。在昔时漫长的岁月里，各民族群众为了摆脱自己的困苦，在与自然的搏斗和与命运的抗争中，常借助对某些事物的幻想以寻求精神上的慰藉。在对传统图案进行研究时会遇到许多错综复杂的问题交织在一起，某些美丽的图案被罩上了一层神秘的色彩，而这些图案中又寄托着各族人民的美好愿望。因此，这些传统图案作为一种文化现象，有待我们进行深入细致的研究。

习近平总书记多次强调弘扬中华优秀传统文化，提出“要加强对中华优秀传统文化的挖掘和阐发”；中共中央办公厅、国务院办公厅2017年1月印发的《关于实施中华优秀传统文化传承发展工程的意见》，提出“到2025年，中华优秀传统文化传承发展体系基本形成”，要求“各类文化单位机构、

各级文化阵地平台，都要担负起守护、传播和弘扬中华优秀传统文化的职责”。

沈泓主编的“图案里的中国故事”丛书正是在这一时代背景下进行创作的。他视野独特，通过传统图案讲述中国故事，既贴合弘扬和传播中华优秀传统文化的思想精华和道德精髓的主旨，又符合具有趣味性和可读性的读者需求。这套丛书的可贵之处是它来自民间沃土、来自活水源头。为写作这套丛书，沈泓自费走遍全国大部分省、自治区、直辖市，从偏僻山乡到田野阡陌，寻访民间年画、剪纸、纸马、水陆画、雕刻等方面的手工艺人；从深山古寺到寂寥古巷，寻找和收集中国传统图案。这套丛书的最大亮点和不可替代性是他以二十多年来收藏的六万多张年画、剪纸、纸马、水陆画、神像画、拓片等原作，以及已故民间艺术大师的精品、孤品作为底本，增强了图说文字的可信性与权威性。

“图案里的中国故事”丛书，按专题分卷，每卷一百幅图，以图为主导，图文并茂地讲述了传统图案

里的中国故事。作者不是简单地整理分类，而是深入研究和阐述这些图案的典故和寓意，注重传统图案背后的民俗知识和文化内涵，生动描述其来历和传说故事，深入浅出，娓娓道来。虽寥寥数笔，但旁征博引，言简意赅，在认识论和方法论上都有新的突破，让读者不仅能获得审美愉悦，还能看到无限辽阔的精神境域。该丛书中的传统图案主要选自中国非物质文化遗产代表性项目年画、剪纸等，其中有许多是鲜见或即将消失的传统图案。随着时代的发展，现代社会的人们在继续应用这些传统图案时，其蕴含的积极意义必将随着人们新的认识和理解而得到升华。而在民间，传统图案所代表的美好、善良的愿望，依旧是人们克服一切困难、掌握自己命运和意志的体现。

“图案里的中国故事”丛书对濒危非遗的抢救性整理出版具有紧迫性，对实现中华文明创造性转化和创新性发展具有重要意义。

是为序。

孙建君

2022 年夏

孝道

在中华传统文化中，孝道影响了中国人数千年的生活观念和方式，成为重要的传统精神。确实，孝道维系着家庭的每一个成员，进而成为凝聚社会的力量、维系国家稳定的重要因素，所以它是中华传统文化中最重要的资产。我们可以研究它，但不能无视它；我们可以批判它封建糟粕的一面，但不能抛弃它美好向善的一面。

篆体的“孝”（）字，上面是个弯腰弓背、白发飘飘、手拄拐杖的老人；下面是个小孩，向上伸出双手托着老人。关于孝字的本义，东汉许慎的《说文解字》第八卷上篇“老部”表述得很清楚：文本上面部分的“老”，代表着年老的双亲；文本下面部分的“子”，代表子女；“老”在上，“子”在下，会合其字意味着“做子女的，顺承父母，那就是孝”。从行动上来看，“子”背着“老”，寓意父母年老体衰行动不便，需子女背着代步，其中充满感恩、报恩、关怀之意。

就声义同源的道理来寻究“孝”的意义，“孝”与“好”古音相同。

从甲骨文图形看，“好”（）字文本的左边是一位跪坐的女性，中间部位的两点，是女子的两乳，代表哺育幼儿的已婚女子，实际上就是母亲的“母”字；“好”字文本的右边是代表幼儿的“子”字。整个图形表达的意义是幼小的子女依偎在母亲身旁，充满亲情之爱，这是来自天性的，所以“好”是亲爱、爱好的意思。

“孝”与“好”同属一个语根，“孝”的内涵中也包含着亲爱、爱好的意思，所以“孝”的定义就是爱戴父母、顺承父母心意的亲情表现，是对亲人至真感情的流露，是对生命的诚挚感谢，是无悔无怨的回馈报恩。子女爱亲，当如羔羊跪乳，有极谦恭和睦的心态。羔羊尚能跪乳，乌鸦也知报恩，孝顺父母更是人类天生的本能，是与生俱来的自然情感。但是，将孝上升为“道”则是中国特有的。《孟子·告子下》言：“尧舜之道，孝悌而已矣。”

怎样才能做到孝呢？《礼记·坊记》称：“修宗庙、敬祀事，教民追孝也。”《尚书·尧典》称：“曰若稽古帝尧，曰放勋……克明俊德，以亲九族。九族既睦，平章百姓。百姓昭明，协和万邦。”

德与孝是周朝统治阶级的道德纲领，“德以对天”“孝以对祖”是周朝伦理的特色。西周青铜器上的铭文中，“孝”字已经大量出现，讲“孝”的铭文至少有一百一十二则。

古书中对孝的解释充满人性，如《尚书·尧典》中的“克谐以孝”，《论语·为政》中的“今之孝者，是谓能养”，《礼记·祭义》中的“大孝尊亲，其次弗辱，其下能养”，《孟子·梁惠王上》中的“老吾老，以及人之老”等，均彰显了孝道的美好。

中国的孝道观源于孔子的孝道思想。《论语》中有大量关于孝道的论述，甚至具体到如何在生活伦理上做到孝行。孔子指出，孝亲要做到养亲、敬亲、

爱亲。“弟子入则孝，出则悌。”“事父母，能竭其力。”“父母在，不远游，游必有方。”……

儒家的亚圣孟子活跃于战国中期，他对孝道的行为规范进行了更为详细的说明。“孝子之至，莫大乎尊亲。”“生，事之以礼；死，葬之以礼，祭之以礼，可谓孝矣。”

古人提出“以孝治天下”，把孝作为最高准则。成书于汉初的《孝经》，集中论证了“以孝治天下”的原则。汉代的统治者大力表彰“孝悌力田”，在《汉书》《后汉书》的帝王本纪中，全国性的对孝悌者的褒奖、赐爵达三十二次之多。国家还设立了一个官职“孝廉”，由有孝行的人担任。

孔子认为，孝是一种最好的教育。孔子的这一思想贯穿其孝道精神的始终，孝道对家庭生活和社会生活都有积极意义。孔子说：“爱亲者，不敢恶于人；敬亲者，不敢慢于人。”孔子将孝道教育的核心内容归纳成三条：“始于事亲，中于事君，终于立身。”孔子提出，做人以仁为本，而仁以孝为先。按照他的观点，仁是最高的境界，而孝还在仁的前面，因此孝超越一切。

孝是天性自然的流露，是一切善行的开端，所谓“百善孝为先”。《尚书·尧典》称舜为“克谐以孝”，可见圣贤以行孝而得天下，扩之而成圣成贤。舜因此被列为“二十四孝”之首。

《二十四孝》中的孝道故事大多取材于西汉经学家、文学家刘向编写的《孝子传》，也有一些故事取材于《艺文类聚》《太平御览》等书籍。关于《二十四孝》的作者，有多种说法。一说是元代福建尤溪的郭居敬，一说是元代郭居业，一说是元代郭守正等。学界以郭居敬为主流。

《二十四孝》辑录了古代二十四个孝子的故事，后来的印本大都配上图画，通称《二十四孝图》，成为宣扬孝道的通俗读物，包括孝感动天、鹿乳奉亲、为亲负米、啮指心痛、单衣顺母、亲尝汤药、拾桑供母、怀橘遗亲等内容。

本书以《二十四孝图》为主要素材，采用绵竹年画、高密年画、平度年画、凤翔年画、扬州年画等多地《二十四孝图》年画，同时，兼顾采用《白猿偷桃》等年画图案和与孝道相关的家堂图案，共述古代孝道传说故事，弘扬孝道文化。

沈　泓

2021年冬

目录

孝感动天

虞舜的故事

一

孝感动天

隊隊耕田象
紛紛耘草禽
嗣堯登寶位
孝感動天心

·绵竹年画　清代古版·

舜是传说中的远古帝王，号有虞氏，史称虞舜。相传他的父亲瞽瞍及继母、异母弟象多次想害死舜：让舜修补谷仓仓顶时，他们从谷仓下纵火，舜手持两个斗笠跳下逃脱；让舜掘井时，瞽瞍与象却下土填井，舜只有掘地道逃脱。事后舜毫不嫉恨，仍对父亲恭顺、对弟弟慈爱。他的孝行感动了天帝。

图中古诗：队队耕田（亦作“春”）象，纷纷耘草禽。嗣尧登宝（亦作“帝”）位，孝感动天心（亦作“下”）。

孝感动天

·扬州年画·

舜在历山耕种，大象替他耕地，鸟代他锄草。帝尧听说舜非常孝顺而且有才干，就把娥皇和女英这两个女儿嫁给了他。经过多年观察和考验，尧选定舜做他的继承人。舜登天子位后，去看望父亲，仍然恭恭敬敬，并封象为诸侯。

舜耕历山

·高密年画　吕虹霞绘·

孝感动天

·绵竹年画·

图中古文：虞舜，瞽叟（瞍）之子。性至孝。父顽，母嚚，弟象傲。舜耕于历山，有象为之耕，鸟为之耘。其孝感如此。帝尧闻之，事以九男，妻以二女。遂以天下让焉。

亲尝汤药

西汉刘恒的故事

二

亲尝汤药

· 绵竹年画　李芳福绘 ·

《亲尝汤药》讲述的是汉高祖第四子汉文帝刘恒以仁孝之名闻于天下的故事。刘恒的母亲患了重病，三年卧床不起。他常常目不交睫、衣不解带地侍候母亲，天天为母亲煎药。每次煎完药，他总是自己先尝一尝，看看汤药苦不苦、烫不烫，然后才给母亲喝。

汉文帝刘恒在位二十三年，他与汉景帝的统治时期被誉为“文景之治”。这是真正的以孝治天下。

亲尝汤药

·绵竹年画 清代古版·

亲尝汤药

·扬州年画·

汉文帝试疾尝药

·高密年画 吕虹霞绘·

有诗为颂：仁孝闻天下，巍巍冠白王，母后三载病，汤药必先尝。

啮指心痛

三

周朝曾参的故事

啮指心痛

母指纔方嚙兒心痛不禁
負薪歸未晚骨肉至情深

·绵竹年画　清代古版·

《啮指心痛》亦名《啮指痛心》，讲述的是春秋时期鲁国人曾参的故事。曾参，字子舆，孔子的得意门生，世称“曾子”，以孝著称。他学识渊博，曾提出“吾日三省吾身”（《论语·学而》）的修养方法，著有《大学》《孝经》等儒家经典，后世儒家尊他为“宗圣”。

图中古诗：母指缠方啮（亦作“母指方缠啮”），儿心痛不禁。负薪归未晚，骨肉至情深。

曾参心痛感咬指

·平度年画·

曾参心痛感啮指

·扬州年画·

曾参年少时家贫，常入山打柴。一天，家里来了客人，母亲不知所措，就用牙咬自己的手指。曾参忽然觉得心痛，知道母亲在呼唤自己，便背着柴迅速返回家中，跪问缘故。母亲说：“有客人忽然到来，我咬手指盼你回来。”于是曾参接见客人，以礼相待。

啮指心痛

·扬州年画·

·凤翔年画　邰瑜作·

单衣顺母

周朝闵子骞的故事

四

单衣顺母

·绵竹年画 明清古版·

单衣顺母

·扬州年画·

《单衣顺母》也叫《芦衣顺母》，讲述的是春秋时期鲁国人闵损的故事。闵损的生母早死，父亲娶了后妻，又生了两个儿子。继母经常虐待闵损。冬天，两个弟弟穿着用棉花做的冬衣，却给他穿用芦花做的“棉衣”。

一日，父亲出门，闵损牵车时因寒冷打战，将绳子掉落到地上，遭到父亲的斥责和鞭打。芦花随着打破的衣缝飞了出来，父亲方知闵损受到虐待。父亲返回家，要休逐后妻。闵损跪求父亲饶恕继母，说："留下母亲只是我一个人受冷，休了母亲三个孩子都要挨冻。"父亲十分感动，就依了他。继母听说，悔恨知错，从此对待他如亲子。

闵损痛单感后母

·高密年画 吕虹霞绘·

·绵竹年画 李芳福绘·

闵损，字子骞，是孔子的弟子，在孔门中以德行与颜渊并称。孔子曾赞扬他说：“孝哉，闵子骞！”（《论语·先进》）

有诗为颂：闵氏有贤郎，何曾怨后娘。车前留母在，三子免风霜。

周朝仲由的故事

为亲负米

五

为亲负米

·绵竹年画 清代古版·

《为亲负米》亦名《负米养亲》《百里负米》，讲述的是春秋时期鲁国人仲由的故事。仲由，字子路、季路，是孔子的得意弟子，性格直率勇敢，十分孝顺。孔子赞扬他说："你侍奉父母，可以说是生时尽力，死后思念哪！"（《孔子家语·致思》）

图中古诗：负米供甘旨，宁忘（亦作"辞"）百里遥。身荣亲已没，犹念旧劬劳。

为亲负米

·绵竹年画 清代古版·

仲由养亲远负米

·平度年画·

仲由为亲负米

·凤翔年画 邰瑜作·

仲由早年家中贫穷，常常自己采野菜做饭食，却从百里之外负米回家侍奉双亲。父母死后，他做了大官，奉命到楚国去，随从的车马有百乘之众，所积的粮食有万钟之多。

坐在垒叠的锦褥上，吃着丰盛的筵席，仲由常常怀念双亲，慨叹说："即使我想吃野菜，为父母亲去负米，哪里能够再得呢？"

为亲负米

·绵竹年画·

图中古文：周仲由，字子路，家贫，常食藜藿（亦作“黍薯”）之食，为亲负米百里之外。亲殁，南游于楚，从车百乘，积粟万钟，累茵（亦作“褥”）而坐，列鼎而食。乃叹曰：虽欲食藜藿，为亲负米，不可得也。

卖身葬父

东汉董永的故事

六

董永卖身孝感天

·高密年画　吕虹霞绘·

《卖身葬父》讲述的是东汉时期董永的故事。董永少年丧母，因家境贫困经常帮人做工谋生。后父亲亡故，却无钱安葬，遂卖身至一富家为奴，换取丧葬费用。上工路上，于槐荫下遇一女子，自言无家可归，二人结为夫妇。女子以一月时间织成三百匹锦缎，为董永抵债赎身。返家途中。行至槐荫，女子告诉董永自己是天帝之女，奉命帮助董永还债。言毕凌空而去。

后来，槐荫改名为孝感。董永也因此成为神话故事和黄梅戏《天仙配》等古代戏剧中的主角。

卖身葬父

·明清年画·

图中古文：汉董永，家贫，父死，卖身贷钱而葬。及去偿工，路（亦作“途”）遇一妇，求为永妻。俱至主家，令织缣（亦作“布”）三百疋（亦作“匹”），乃回（亦作“始得归，妇织”）。一月完（亦作“而”）成。归至槐阴（亦作“荫”）会所，遂辞（亦作有“永”）而去。

葬父将身卖，仙姬陌上迎。织缣偿债主，孝感动天庭。

洪昌机书。

·绵竹年画　李芳福绘·

图中古诗：葬父将身卖（亦作“贷孔兄”），仙姬陌上迎（亦作“逢”）。织缣（亦作“布”）偿债主，孝感动天庭（亦作“苍穹”）。

周朝郯子的故事

鹿乳奉亲

七

郯子扮鹿求鹿乳

·高密年画　吕虹霞绘·

《鹿乳奉亲》讲述的是春秋时期郯子的故事。郯子父母年老，患眼疾，需饮鹿乳疗治。他便披鹿皮进入深山，钻进鹿群中，挤取鹿乳，供奉双亲。

一次取乳时，猎人正要对他射箭，郯子急忙掀开鹿皮现身走出，将挤取鹿乳为双亲医病的实情告知猎人。猎人敬他孝顺，以鹿乳相赠，护送他出山。

图中古文：周郯子，性至孝。父母年老，俱患双眼（亦作“目”），思食鹿乳。郯子乃衣鹿皮，去深山，入鹿群之中（亦作“往深山群鹿之中”），取鹿乳供亲。猎者见而欲射之。郯子具以情告，乃免。

鹿乳奉亲

·扬州年画·

·凤翔年画 邰瑜作·

有诗为颂：亲老思鹿乳，身穿褐毛衣（亦作“身挂鹿毛衣”）。若不高声语，山中带箭归。

后汉江革的故事

行佣供母

八

行佣供母

·绵竹年画　清代古版·

負母逃危難窮途犯賊頻
哀求俱獲免傭力以供親

《行佣供母》讲述的是东汉时齐国临淄人江革的故事。江革少年丧父，侍奉母亲极为孝顺。战乱中，他背着母亲逃难，几次遇到匪盗，盗贼欲杀死他，江革哭告：“老母年迈，无人奉养。”贼人见他孝顺，不忍杀他。

后来，江革迁居江苏下邳，做雇工供养母亲，自己贫穷赤脚，而母亲所需甚丰。明帝时他被推举为孝廉，章帝时被推举为贤良方正，任五官中郎将。

图中古诗：负母逃危难，穷途犯贼（亦作“贼犯”）频。哀求俱获免（亦作“告知方获免”），佣力以供亲。

行佣供母

·扬州年画·

江革负母孝感盗

·高密年画　吕虹霞绘·

江革负
母孝感
盗

行佣供母

·绵竹年画　李芳福绘·

負母逃危難窮途犯賊頻
哀求俱獲免傭力以供親

怀橘遗亲

后汉陆绩的故事

九

怀橘遗亲

·绵竹年画　李芳福绘·

孝弟皆天性
人間六歲兒
袖中懷綠橘
遺母事堪竒

《怀橘遗亲》讲述的是三国时期陆绩的故事。陆绩在孩童时就很孝顺。成年后，他博学多识，通晓天文、历算，曾作《浑天图》、注《易经》、撰《太玄经注》，是一位科学家。

陆绩六岁时随父亲陆康到九江谒见袁术，袁术拿出橘子招待，陆绩往怀里藏了两个橘子。临行时，橘子滚落到地上，袁术嘲笑道："陆郎来我家做客，走的时候还要怀藏主人的橘子吗？"陆绩回答说："母亲喜欢吃橘子，我想拿回去送给母亲尝尝。"袁术见他小小年纪就懂得孝顺母亲，十分惊奇。

陆绩怀橘遗亲

·凤翔年画 邰瑜作·

陆绩孝母怀丹桔

陆绩孝母
怀丹桔

·平度年画·

陆绩念母怀丹橘

陸績念母
懷丹橘

·高密年画 吕虹霞绘·

有诗为颂：孝悌皆天性，人间六岁儿。袖中怀橘实，遗母报深慈。

乳姑不怠

唐朝唐夫人的故事

一〇

乳姑不息

·扬州年画·

《乳姑不怠》亦名《乳姑不息》，讲述的是唐朝博陵人崔琯的故事。崔琯，官至山南西道节度使，人称“山南”。当年，崔山南的曾祖母长孙夫人年事已高，牙齿脱落 。祖母唐夫人十分孝顺，每天盥洗后都上堂用自己的乳汁喂养婆婆。如此数年，长孙夫人不再吃其他饭食，身体依然健康。长孙夫人病重时，将全家大小召集在一起，说：“我无以报答新妇之恩，但愿新妇的子孙媳妇也像她孝敬我一样孝敬她。”

后来崔山南做了高官，果然像长孙夫人所嘱那样孝敬祖母唐夫人。

乳姑不息

·绵竹年画　李芳福绘·

图中古诗：孝敬崔家妇，乳姑晨盥梳。此恩无以报，愿得子孙如。

·凤翔年画　邰瑜作·

一〇　乳姑不怠　唐朝唐夫人的故事

恣蚊饱血

晋朝吴猛的故事

二

恣蚊饱血

·绵竹年画 李芳福绘·

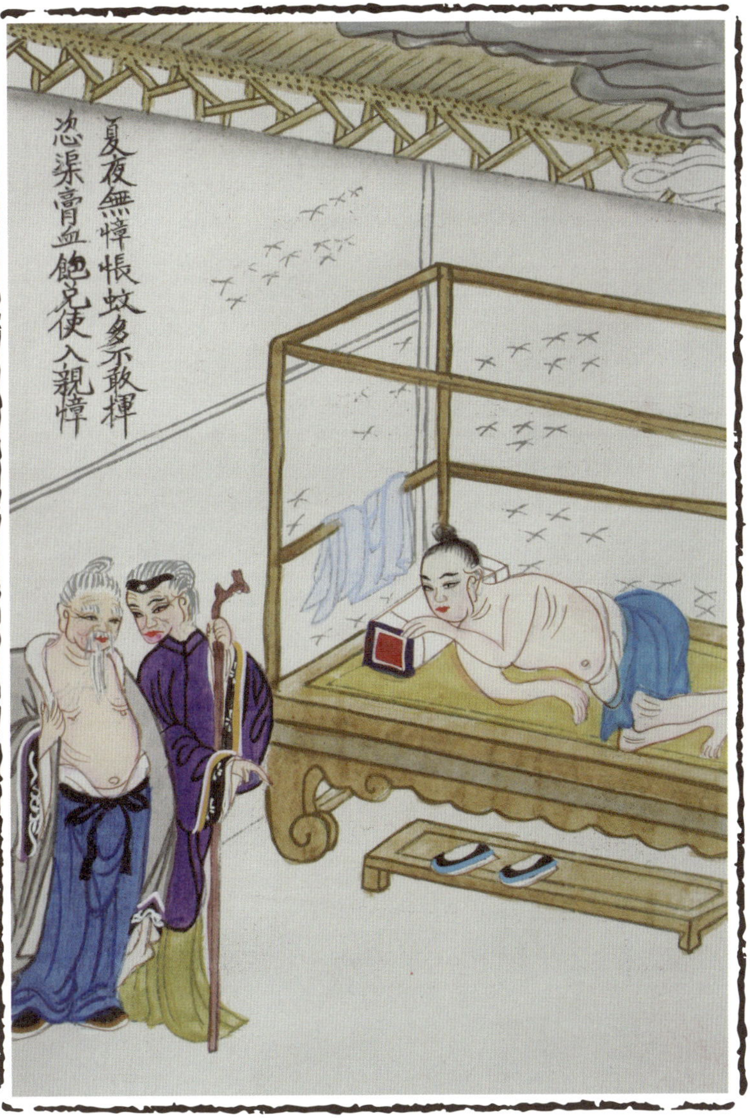
夏夜無幃帳蚊多不敢揮
恣渠膏血飽免使入親幃

《恣蚊饱血》讲述的是晋朝豫章人吴猛的故事。吴猛八岁时就懂得孝敬父母。因家里贫穷，没有蚊帐，蚊虫叮咬使父亲不能安睡。每到夏夜，吴猛总是赤身坐在父亲床前，任蚊虫叮咬而不驱赶，以免蚊虫去叮咬父亲。

吴猛恣蚊饱血

·凤翔年画　邰瑜作·

恣蚊饱血

·扬州年画·

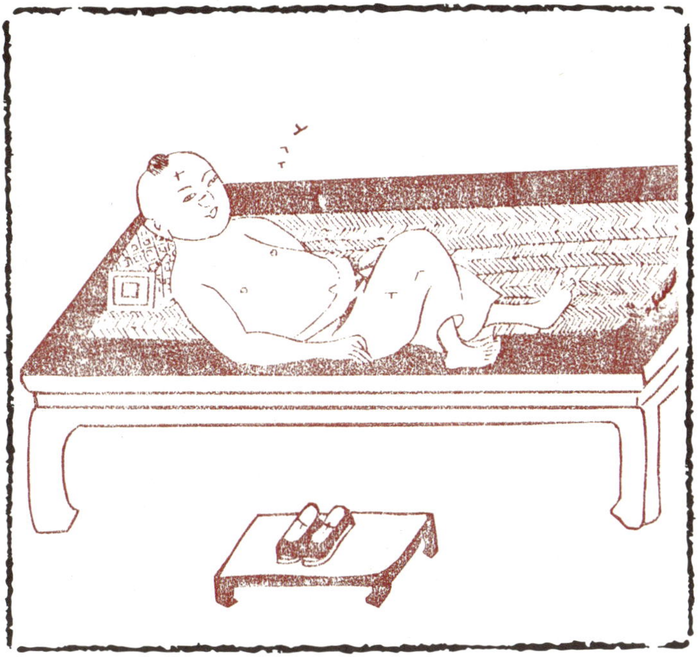

吴猛济蚊传千载

·平度年画·

有诗为颂：夏夜无帷帐，蚊多不敢挥。恣渠膏血饱，免使入亲帏。

卧冰求鲤

二

晋朝王祥的故事

卧冰求鲤

·绵竹年画　清代古版·

繼母人間有
王祥天下無
至今河水上
一片卧冰模
六

《卧冰求鲤》故事讲述的是晋朝王祥的故事。王祥生母早丧，继母朱氏多次在他父亲面前说他的坏话，使他失去父爱。父母患病，他衣不解带地侍候。继母想吃活鲤鱼，适值天寒地冻，他解开衣服卧在冰上，厚冰一会儿自行融化，跃出两条鲤鱼。王祥将双鲤拿回家给继母吃后，继母果然病愈。

王祥隐居二十余年，后从温县县令做到了大司农、司空、太尉。

卧冰求鲤

·扬州年画·

图中古诗：继母人间有，王祥天下无。至今河水上（亦作“上水”），一片（亦作“留得”）卧冰模。

王祥卧冰求鲤鱼

·平度年画·

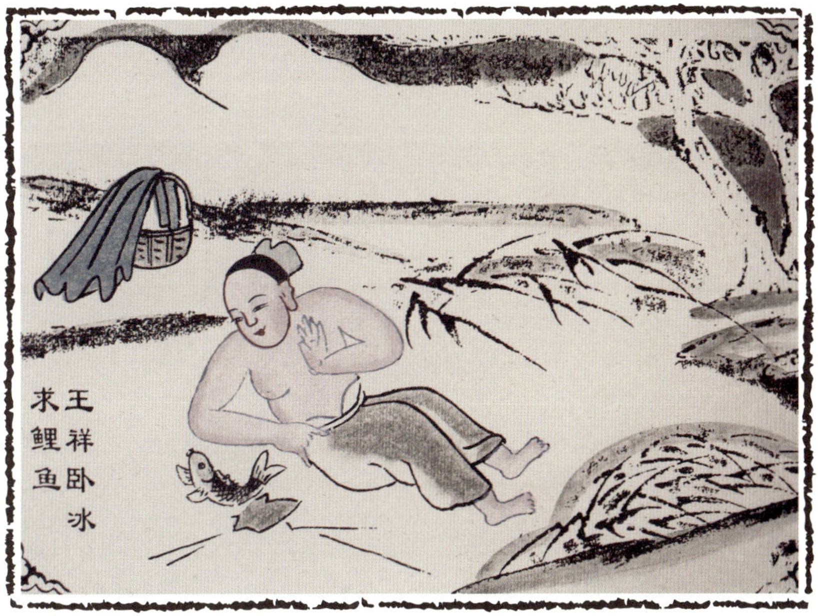
王祥卧冰
求鲤鱼

王祥卧冰求鲤鱼

·高密年画 吕虹霞绘·

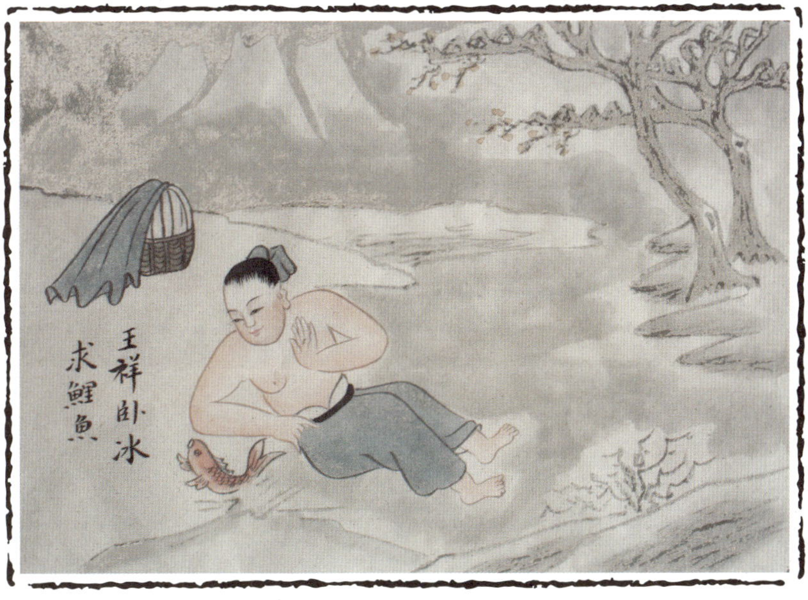
王祥卧冰
求鯉魚

扼虎救父

晋朝杨香的故事

一三

杨香救父手搏虎

·高密年画　吕虹霞绘·

《扼虎救父》亦名《搤虎救亲》，讲述的是晋朝人杨香的故事。杨香是个善良懂事且孝顺的女孩。十四岁时，她随父亲到田间割稻，忽然窜出一只猛虎，欲把父亲扑倒叼走。杨香手无寸铁，为救父亲，全然不顾自己的安危，急忙跳上前，用尽全身气力扼住猛虎的咽喉。猛虎终于放下父亲跑掉，父亲免受伤害。

扼虎救父

·绵竹年画　李芳福绘·

图中古诗：深山逢白额，努力搏腥风。父子俱无恙，脱离馋口中。

搤虎救亲

·扬州年画·

杨香扼虎救父

·凤翔年画　邰瑜作·

弃官寻母

宋朝朱寿昌的故事

一四

弃官寻母

·扬州年画·

《弃官寻母》讲述的是宋朝天长人朱寿昌（亦作“朱昌寿”）的故事。朱寿昌七岁时，生母刘氏被嫡母（父亲的正妻）嫉妒，不得不改嫁他人，五十年母子音信不通。神宗时，朱寿昌在朝做官，曾经刺血书写《金刚经》，行四方寻找生母。得到线索后，他弃官到陕西寻找生母，发誓不见母亲永不返回。终于在同州找到生母和两个弟弟，母子欢聚，一起返回，这时母亲已经七十多岁了。

图中古诗：七岁生离母（亦作“离生母”），参商五十年。一朝相见面（亦作“后”），喜气动皇天。

朱寿昌弃官寻母

·平度年画·

朱昌寿弃官访母

·高密年画　吕虹霞绘·

弃官寻母

·绵竹年画　李芳福绘·

寿昌弃官寻母

·凤翔年画 邰瑜作·

一四 弃官寻母 宋朝朱寿昌的故事

尝粪忧心

南齐庾黔娄的故事

一五

尝粪忧心

·绵竹年画 清代古版·

到縣未旬日椿庭遘疾深
願將身代死北望起憂心

《尝粪忧心》讲述的是南齐高士庾黔娄的故事。庾黔娄任孱陵县令不满十天，忽觉心惊流汗，预感家中有事，便当即辞官返乡。回到家中，知父亲已病重两日。医生嘱咐说：“要知道病情吉凶，只要尝一尝病人粪便的味道，味苦就好。”

于是黔娄去尝父亲的粪便，发现味甜，内心十分忧虑，夜里跪拜北斗星，乞求以身代父去死。几天后父亲死去，黔娄安葬了父亲，并守制三年。

黔娄尝粪忧心

·凤翔年画 邰瑜作·

庾黔娄尝粪心苦

·高密年画　吕虹霞绘·

有诗为颂：到县未旬日，椿庭遘疾深。愿将身代死，北望起忧心。

戏彩娱亲

周朝老莱子的故事

一六

戏彩娱亲

·绵竹年画　李芳福绘·

《戏彩娱亲》讲述的是春秋时期楚国隐士老莱子的故事。老莱子七十多岁，父母还双全在堂。他平日说话从不说老，意在若是自己说老，岂不显得父母老了。他年纪虽大，还像小时候一样要讨父母欢喜，时常穿着一件五彩斑斓的衣服，在父母面前戏耍。

一次，老莱子为双亲送水，进屋时假装跌了一跤，为逗得父母开心，索性躺在地上学小孩子哭，二老果然开怀大笑。

图中古诗：戏舞学娇痴，春风动彩衣。双亲开口笑，喜气满庭闱（亦作“帏”）。

老莱子舞彩娱亲

·绵竹年画　吕虹霞绘·

戏彩娱亲

·扬州年画·

老莱子为躲避世乱，自耕于蒙山南麓。虽然家徒四壁，一生穷困，但他一生极孝顺父母，尽拣美味供奉双亲。年高的他还常做儿戏，手执拨浪小鼓，假意跌倒躺在地上，装作小孩子啼哭的声音，逗父母嬉笑，娱亲取乐。

老莱戏彩娱亲

·凤翔年画 邰瑜作·

老莱子虽然不能买山珍海味孝敬父母，但他知道“笑一笑，少一少；恼一恼，老一老”的道理。父母年纪大了，怎当得忧愁、烦恼。人要时常高兴快乐，自然健康长寿，所以老莱子虽然自己也已是个老人，但他为了取悦父母而做一个“老顽童”，凡父母欢喜的事就尽力而为，实在孝顺。人说“承欢膝下，片时换千金”，此之谓也。

汉朝蔡顺的故事

拾桑供母

一七

拾桑供亲

·扬州年画·

《拾桑供母》亦名《拾椹供母》《拾桑供亲》，讲述的是汉朝汝南人蔡顺的故事。蔡顺少年丧父，事母甚孝。当时正值王莽之乱，又遇饥荒，柴米昂贵，母子只得拾桑椹充饥。

一日，蔡顺巧遇赤眉军，义军士兵厉声问道："为什么把红色的桑椹和黑色的桑椹分开装在两个篓子里？"蔡顺回答说："黑色的桑椹供老母食用，红色的桑椹留给自己吃。"赤眉军怜悯他的孝心，送给他三斗白米、一只牛蹄，让他带回去供奉母亲，以示敬意。

拾桑供母

·绵竹年画　李芳福绘·

图中古诗：黑椹奉萱帏，啼饥泪满衣。赤眉知孝顺，牛米赠君归。

蔡顺拾椹供亲

·凤翔年画　郃瑜作·

蔡顺桑椹感强寇

·高密年画　吕虹霞绘·

扇枕温衾

汉朝黄香的故事

一八

扇枕温衾

·绵竹年画 清代古版·

冬月温衾煖炎天扇枕涼兒童知子職
千古一黄香

《扇枕温衾》讲述的是东汉江夏安陆人黄香的故事。黄香少年时即博通经典，文采飞扬，京师广泛流传“天下无双，江夏黄童”。他九岁丧母，事父极孝。酷夏时为父亲扇凉枕席；寒冬时用身体为父亲温暖被褥。安帝（公元 107—125 年）时任魏郡太守，魏郡遭受水灾，黄香倾其所有赈济灾民。黄香广泛诵习儒家经典，写得一手好文章，著有《九宫赋》《天子冠颂》等。

扇枕温衾

·扬州年画·

冬月温衾煖炎天扇枕凉兒童知子職
千古一黄香

·绵竹年画　李芳福绘·

图中古文：冬月温衾煖（亦作“暖”），炎天扇枕凉。儿童知子职，千古一黄香。

黄香九龄扇枕罩

·平度年画·

黄香九龄扇枕罩

·高密年画 吕虹霞绘·

涌泉跃鲤

汉朝姜诗的故事

一九

《涌泉跃鲤》讲述的是东汉四川广汉人姜诗的故事。姜诗娶庞氏为妻，夫妻孝顺，其家距江六七里之遥，庞氏常到江边取婆婆喜喝的江水。婆婆爱吃鱼，夫妻就常做鱼给她吃，婆婆不愿意独自吃，他们又请来邻居老婆婆一起吃。

一次因风大，庞氏取水晚归，姜诗怀疑她怠慢母亲，将她逐出家门。庞氏寄居在邻居家中，昼夜辛勤纺纱织布，将所得积蓄托邻居送回家中孝敬婆婆。

其后，婆婆知道了庞氏被逐之事，令姜诗将其请回。庞氏回家这天，院中忽然喷涌出泉水，口味与江水相同，每天还有两条鲤鱼跃出。从此，庞氏便用这些供奉婆婆，不必远走江边了。

涌泉跃鲤

·明清年画·

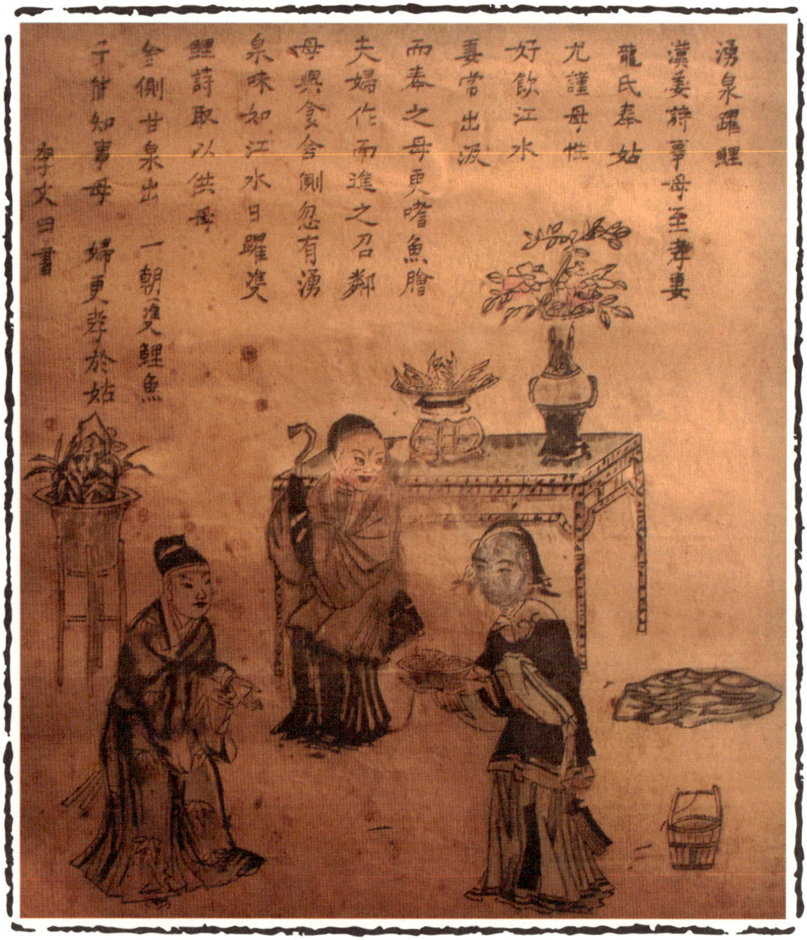

图中古文：汉姜诗，事母至孝，妻龙（庞）氏，奉姑尤谨。母性好饮江水，妻常出汲而奉之，母更嗜鱼脍，夫妇作而进之。召邻母与食。舍侧忽有涌泉，味如江水，日跃双鲤，诗取以供母。

舍侧甘泉出，一朝双鲤鱼。子能知事母，妇更孝于姑。

李文田书。

涌泉跃鲤

·绵竹年画·

图中古诗：舍侧甘泉出，一朝双鲤鱼。子能知事母，妇更孝于姑。

姜诗孝感泉涌鲤

·高密年画　吕虹霞绘·

闻雷泣墓

三国（魏）王裒的故事

二〇

闻雷泣墓

·绵竹年画　清代古版·

《闻雷泣墓》讲述的是魏晋时期孝子王裒的故事。王裒的母亲在世时胆小怕雷，死后被埋葬在山林中。每当风雨天气，王裒听到雷声就跑到母亲坟前，跪拜安慰母亲说：“裒儿在这里，母亲不要害怕。”

民间流传着很多关于王裒的孝行故事，如“没尾巴老鲤”“雹子不打孝子地”“王裒斩龙”等。其中，“闻雷泣墓”的传说流传最广。据说，他在其父墓侧筑屋而居，每日朝夕至墓前跪拜。为纪念王裒的孝行，乡亲们为他修墓，官方每年十月都举行隆重的祭祀活动，并把墓地所在的村子命名为“王裒院”。

图中古诗：慈母怕闻雷，冰魂宿夜台。阿香时一震，到墓绕千回。

诵废蓼莪

·扬州年画·

“诵废蓼莪”典出《晋书·孝友传》：“及读《诗》至‘哀哀父母，生我劬劳’，未尝不三复流涕，门人受业者并废《蓼莪》之篇。”故事讲述的是，王裒在为门徒授课时，每当读到《诗经·小雅·蓼莪》“蓼蓼者莪，匪莪伊蒿。哀哀父母，生我劬劳……父兮生我，母兮鞠我。抚我畜我，长我育我，顾我复我，出入腹我。欲报之德。昊天罔极”时，都禁不住反复吟诵，以至于痛哭流涕，泪如雨下。学生们知道王裒是个大孝子，就私下相互约定，只要先生在场，决不吟诵此诗，以免勾起先生的思念之痛。

王裒闻雷泣坟

·凤翔年画　邰瑜作·

王裒出身名门，忠孝传家，三代高风。王裒的祖父王修就是一个出名的孝子。王裒的父亲王仪，曾在司马昭手下任司马，因犯颜直谏被杀。王裒陪着母亲一路护送父亲的灵柩回到故乡昌乐，一面躬耕农桑，一面设馆授徒，过着半隐居的生活。司马昭曾九次下诏请他出来做官，但王裒发誓终生不事晋。

王裒泣墓孝母亲

·平度年画·

刻木事亲

汉朝丁兰的故事

二

刻木事亲

·绵竹年画 清代古版·

《刻木事亲》讲述的是东汉时期丁兰的故事。相传丁兰幼年父母双亡，他经常思念父母的养育之恩，于是用木头刻成双亲的雕像，事之如生：凡事均和木像商议；每日三餐敬过双亲后自己方才食用；出门前一定禀告，回家后一定面见，从不懈怠。

久之，其妻对木像便不太恭敬了，竟好奇地用针刺木像的手指，而木像的手指居然有血流出。丁兰回家见木像眼中垂泪，问知实情，遂将妻子休弃。

刻木事亲

·扬州年画·

二一 刻木事亲 汉朝丁兰的故事

刻木事亲

·绵竹年画　李芳福绘·

图中古诗：刻木为父母，形容在日身（亦作“在日时”“如在时”）。寄言诸子侄，及早孝共亲（亦作“各要孝亲帏”）。

丁兰思亲刻木像

·高密年画　吕虹霞绘·

哭竹生笋

三国孟宗的故事

二

哭竹生笋

·绵竹年画 明清古版·

《哭竹生笋》讲述的是三国时江夏人孟宗的故事。孟宗少年时父亡，母亲年老病重，医生嘱用鲜竹笋做汤治疗。适值严冬，没有鲜笋，孟宗无计可施，独自跑到竹林里，扶竹哭泣。少顷，他忽然听到地裂声，只见地上长出数茎嫩笋。孟宗大喜，采回做汤，母亲喝了后果然病愈。后孟宗官至司空。

哭竹生笋

·扬州年画·

孟宗哭竹生笋

·凤翔年画　邰瑜作·

哭竹生笋

·绵竹年画　李芳福绘·

图中古诗：泪滴朔风寒，萧萧竹千（亦作“数”）竿。须臾冬笋出，天意报平安。

孟宗哭竹冬生笋

·高密年画　吕虹霞绘·

涤亲溺器

宋朝黄庭坚的故事

二三

涤亲溺器

·绵竹年画 清代古版·

《涤亲溺器》讲述的是宋朝黄庭坚的故事。黄庭坚是个孝子，从小侍奉父母无微不至。因为母亲有洁癖，受不了马桶的异味，所以他从小就每天亲自倾倒并清洗母亲所使用的马桶，数十年如一日。他身为朝中显贵，也未尝丝毫忽略照顾和侍奉母亲，尽管家中仆从甚多，他大可不用亲自为母亲清涤马桶，但是他认为孝事父母是为人子女应该亲自做的事，不可以委托他人之手。

母亲病危的时候，黄庭坚更是衣不解带，日夜侍奉在病榻前，亲自浅尝汤药，没有一刻不尽到为人子的孝道。

涤亲溺器

·明清年画·

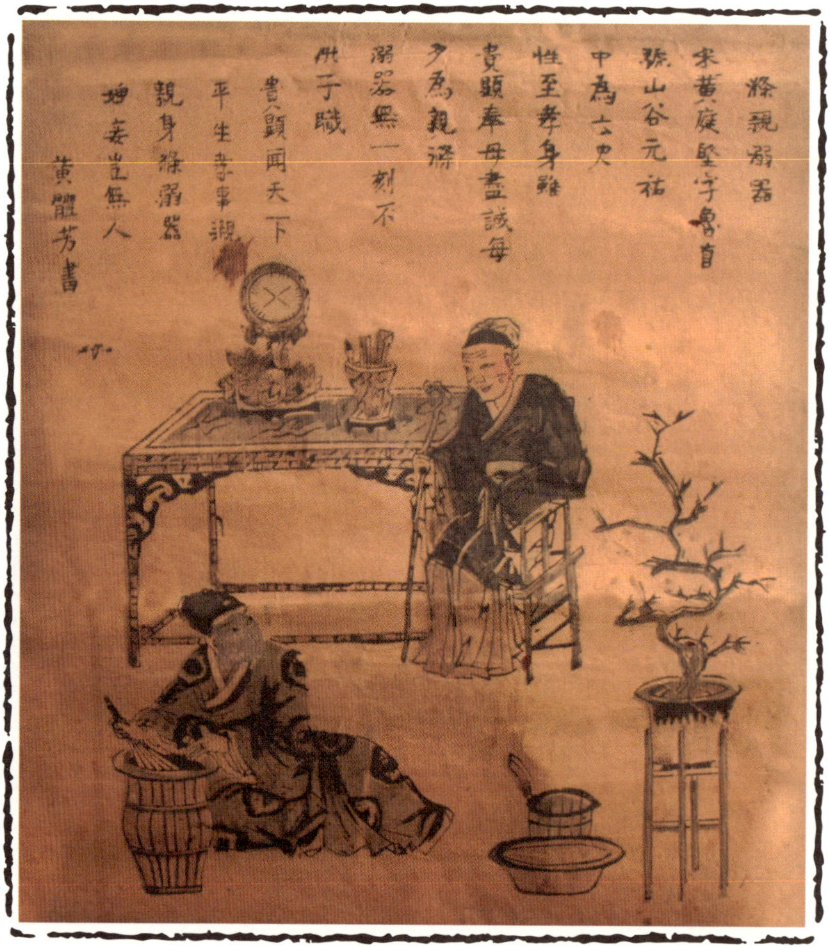

图中古文：宋黄庭坚，字鲁直，号山谷，元祐中为太史，性至孝。身虽贵显，奉母尽诚。每夕，为亲涤溺器，无一刻不供子职。

贵显闻天下，平生孝事亲。亲身涤溺器，婢妾岂无人。

黄体芳书。

庭坚涤秽事亲

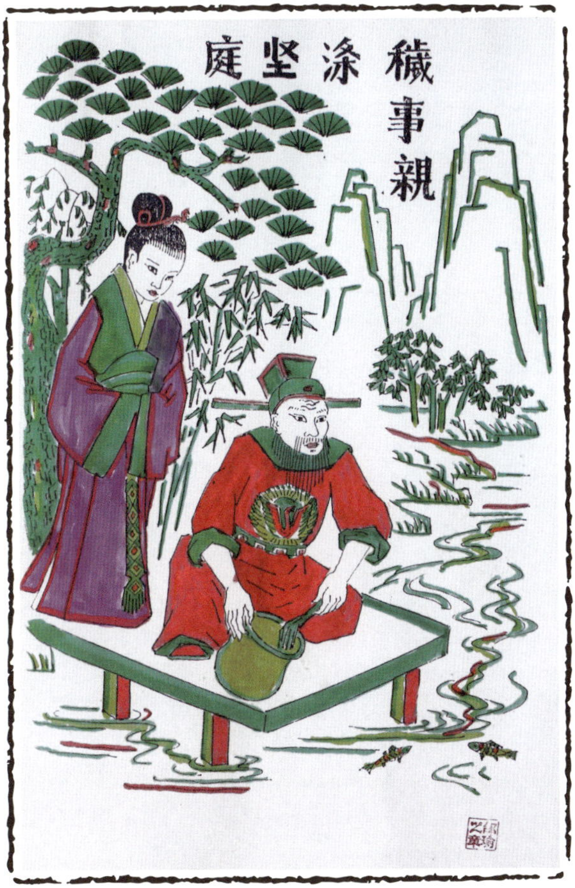
庭坚涤穢
事親

·凤翔年画　郃瑜作·

黄庭坚涤母溺器

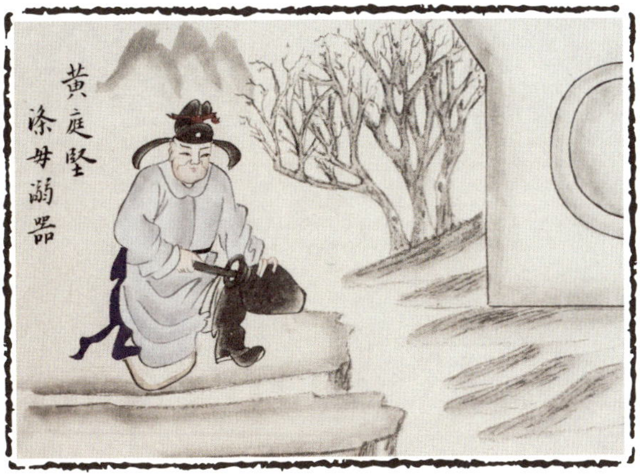
黄庭坚
涤母溺器

·高密年画　吕虹霞绘·

白猿偷桃

白猿孝母的故事

二四

讲孝道故事，不得不说《白猿偷桃》和《白猿孝母》的故事。

《白猿偷桃》描绘的是，云蒙山中白猿之母病重不起，病中想吃桃。白猿性孝，偷往仙桃园里去摘大桃，被看园仙人孙真人（即孙膑）捉住。白猿跪地哀求，泣告为母治病冒死而来偷桃，孙真人怜其一片孝心，赠桃并放白猿归山。白猿之母食桃后病愈，为报恩，令白猿将洞中所藏《兵书》献给孙真人。孙真人得此《兵书》，终成齐国一代名将，并著成了《孙膑兵法》。

《白猿孝母》的故事同《白猿偷桃》，其民间传说故事有多种版本，内容大同小异。早在唐代就有《白猿献寿》之类的猴戏，至今还有《白猿偷桃》《白猿孝母》戏出和二人转仍在演出。可见这两个故事的影响之深远。

白猿偷桃

·凤翔年画·

二四　白猿偷桃　白猿孝母的故事

慎终追远

家堂的故事

二五

“慎终追远民德厚”的思想最早出现在《论语》中，曾子说：“慎终追远，民德归厚矣。”孔安国解释：“慎终者，丧尽其哀。追远者，祭尽其敬。君能行此二者，民化其德，皆归于厚也。”朱熹在《论语集注》中也沿用了这一解释。“慎终追远”讲的就是孝道，“厚德”由行孝而来。

家堂是旧时中国北方某些地区在除夕的早晨悬挂于厅堂正北面的大幅祭祖图画，其功用就是祭祀宗亲，也是尽孝的一种方式。

家堂的形式大致相同，只不过在每幅画上部分人物形象有所差异，但也都是大同小异。家堂主体画面自上而下分为两部分。上部分的顶部，绘有两位容貌慈祥、面含微笑的老年夫妇，他们端坐在宗祠之中，象征本家族的祖先俯视着子孙后代。在二老前面画有一供桌，其上置一牌位，写着“三代宗亲”四个字。供桌的下面是长长的甬路，甬路的两侧画有一排排规整的格子，用来记录已逝的祖先、长辈或同族人的名字。

挂家堂是孝的表现，“不孝”是最大的罪过。因此，旧时的农村“家家有宗谱，户户有家堂”，这正是孝道文化在中国影响深远的一种表现。

家堂

·清代年画·

家堂

·清代年画·

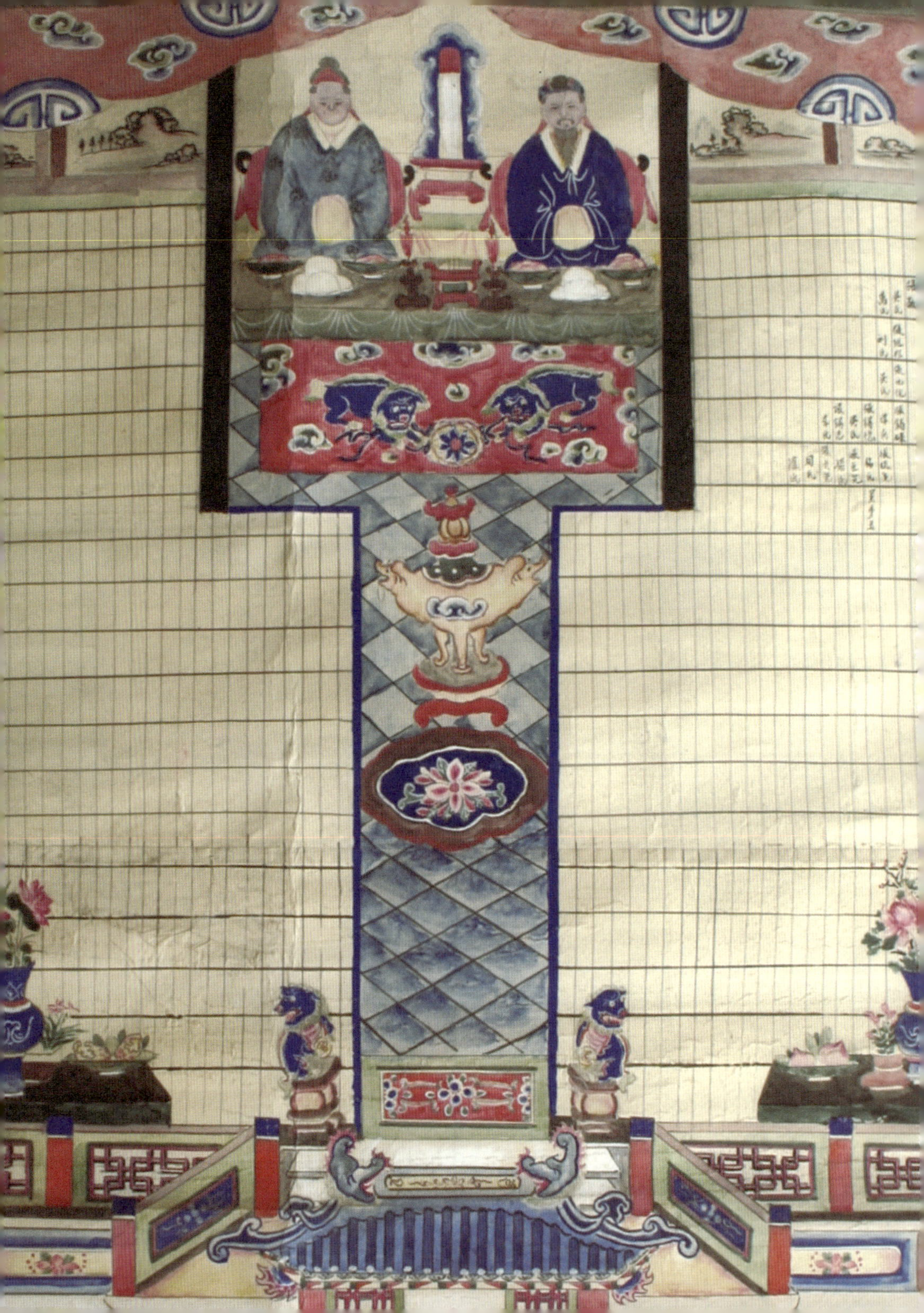